农业标准化生产技术图解丛书

# 小麦标准化生产图解

于立河 主编

中国农业大学出版社
·北京·

# 内容简介

全书分为六章，分别为天天见“面”说小麦、小麦播种前的准备工作、小麦标准化田间管理技术、小麦标准化生产中的防灾减灾技术、小麦标准化生产中的病虫草害预防与应对、小麦标准化收获及产品的质量标准，依次围绕相关重点问题展开。

本书文字深入浅出，插图趣味十足，精彩内容敬请期待。

**图书在版编目（CIP）数据**

小麦标准化生产图解 / 于立河主编. -- 北京：中国农业大学出版社，2015.5

ISBN 978-7-5655-1231-5

Ⅰ. ①小… Ⅱ. ①于… Ⅲ. ①小麦—栽培技术—标准化—图解 Ⅳ. ① S512.1-64

中国版本图书馆 CIP 数据核字（2015）第 085573 号

**书　名** 小麦标准化生产图解
**作　者** 于立河 主编

| | | | |
|---|---|---|---|
| **策划编辑** | 赵　中 | **责任编辑** | 张苏明 |
| **封面设计** | 李虹霖 | **责任校对** | 王晓凤 |
| **出版发行** | 中国农业大学出版社 | | |
| **社　　址** | 北京市海淀区圆明园西路 2 号 | **邮政编码** | 100193 |
| **电　　话** | 发行部 010-62818525，8625<br>编辑部 010-62732617，2618 | | 读者服务部 010-62732336<br>出　版　部 010-62733440 |
| **网　　址** | http://www.cau.edu.cn/caup | **e-mail** | cbsszs@cau.edu.cn |
| **经　　销** | 新华书店 | | |
| **印　　刷** | 涿州市星河印刷有限公司 | | |
| **版　　次** | 2015 年 6 月第 1 版　2015 年 6 月第 1 次印刷 | | |
| **规　　格** | 880×1230　32 开本　3.75 印张　75 千字 | | |
| **印　　数** | 1～5000 本 | | |
| **定　　价** | 20.00 元 | | |

# 编委会

**主编**　于立河

**编委**　于　涛　王丽娟　王富琳　白雅君　刘艳君
齐丽娜　宋　涛　李　东　李　瑞　陶红梅

# 前言

小麦是世界上分布最广的粮食作物，种植面积为粮食作物之冠。小麦的标准化生产一直是备受关注的问题，优质小麦可以为广大农民朋友提高经济效益、增产增收，小麦标准化生产技术的推广刻不容缓。

本书从生产中的实际问题出发，以农民朋友的切身利益为重，用最为通俗易懂的语言和生动有趣的漫画为大家说明小麦标准化生产中已经遇到或将会遇到的一系列问题，旨在为农民朋友提供最贴心的帮助。

书中囊括了小麦标准化生产中各个时期的典型问题及解决办法，并介绍了相关的防灾减灾技术以及病虫草害防治技术。精简的文字和生动的配图更能帮助农民朋友理解，力求最大限度为广大农民朋友提供便利。

顺应农业技术水平的发展，力求使农民朋友的利益最大化，本书的编写工作依此目标展开。由于编者水平及资料有限，尽管极力完善，书中仍有不足，有待改进。敬请广大读者批评指正。

编者

2014 年 6 月

# 目录

# 目录

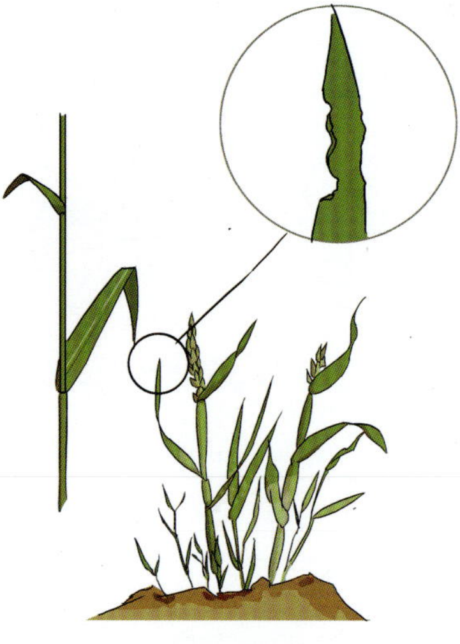

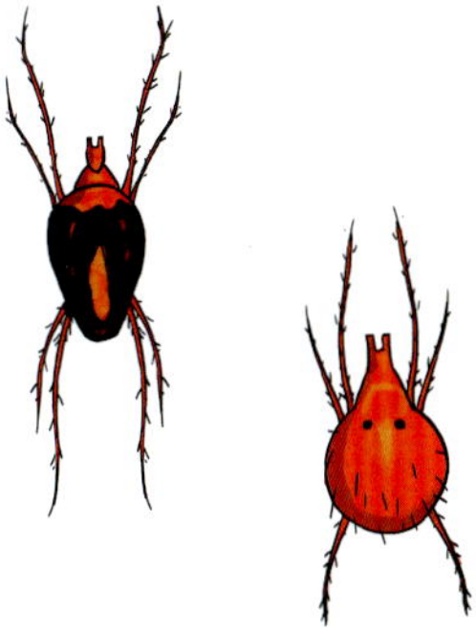

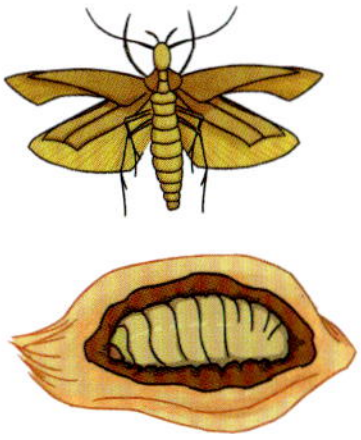

# 第一章

# 天天见“面”说小麦

小麦是禾本科植物，是世界上分布最广的粮食作物，播种面积为粮食作物之冠。

小麦在中国已有5000多年种植历史。我国小麦主产区主要种植冬小麦，其中种植面积较大的有河南、山东、河北、安徽、江苏等10个省（自治区）；春小麦的主要种植区有内蒙古、新疆等地。

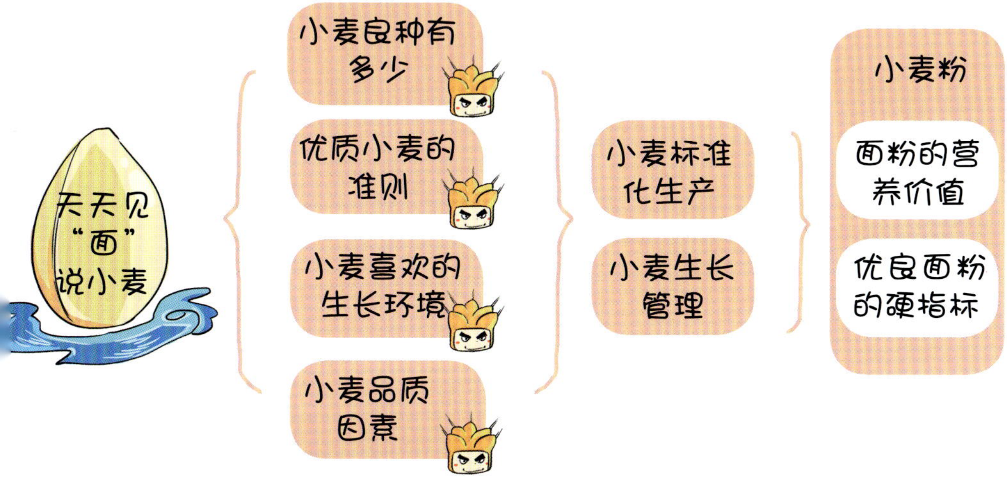

## 1. 小麦的营养价值有多高？

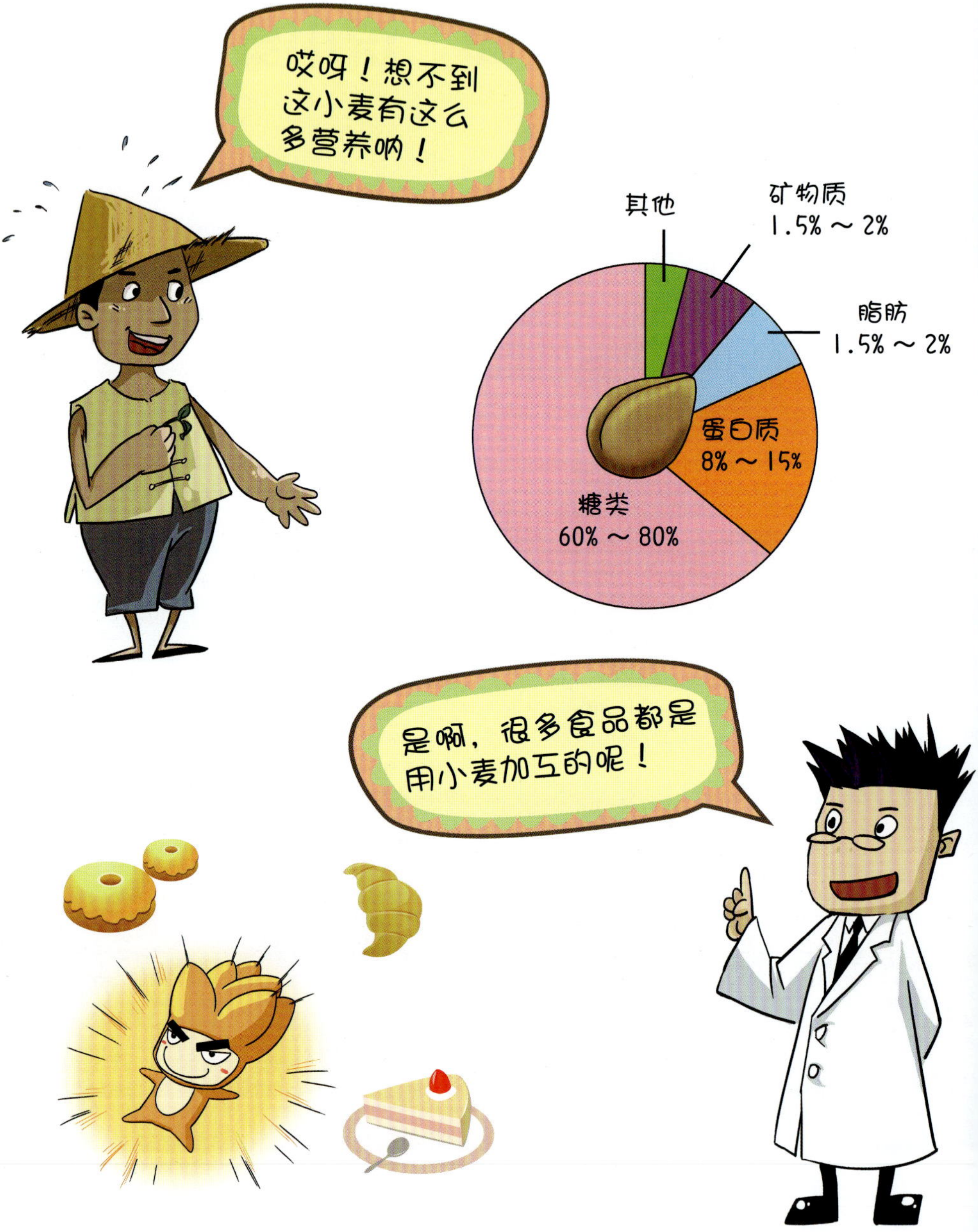

## 2. 优质面粉有哪些硬指标？什么是面包小麦、面条饺子小麦？

你们看，人家可以做出好多好吃的呢~

**强筋小麦**

籽粒硬质，蛋白质含量高，面筋强度大，延伸性好，适于生产面包粉以及搭配生产其他专用粉。

**中筋小麦**

籽粒硬质或半硬质，蛋白质含量和面筋强度中等，延伸性好，适于制作面条和馒头。

**弱筋小麦**

籽粒软质，蛋白质含量低，面筋强度弱，延伸性较好，适于制作饼干、糕点。

## 3. 小麦的良种有多少？

春小麦多在 3 月上旬至 4 月中旬播种。冬小麦播种最早在 8 月中下旬，最晚至 12 月下旬。

中国栽培的小麦以冬小麦（秋、冬播种）为主。冬小麦单产高于春小麦。

春性品种：辽春 17 号、宁春 33、扬麦 5 号、扬麦 158、徐州 21、偃展 4110、豫麦 70、豫麦 34、郑麦 9023 等。

半冬性品种：周麦 9 号、晋麦 45、冀麦 5418、宝丰 7228、豫麦 54、百农矮抗 58、豫麦 41、豫麦 49、周麦 16、周麦 18、新麦 9 号、新麦 9408、高优 503、藁麦 8901、济麦 20 等。

冬性品种：京 841、京冬 1 号、京冬 6 号、农大 146、矮丰 3 号等。

## 4. 优质小麦的标准是什么？

优质强筋小麦品质指标

| 项目 | | | 指标 一等 | 指标 二等 |
|---|---|---|---|---|
| 籽粒 | 容重（克／升） | | ≥770 | |
| | 水分（%） | | ≤12.5 | |
| | 不完善粒（%） | | ≤6.0 | |
| | 杂质（%） | 总量 | ≤1.0 | |
| | | 矿物质 | ≤0.5 | |
| | 色泽、气味 | | 正常 | |
| | 降落数值（秒） | | ≥300 | |
| | 粗蛋白质（%，干基） | | ≥15.0 | ≥14.0 |
| 小麦粉 | 湿面筋（%，14%水分基） | | ≥35.0 | ≥32.0 |
| | 面团稳定时间（分钟） | | ≥10.0 | ≥7.0 |
| | 烘焙品质评分值 | | ≥80 | |

优质弱筋小麦品质指标

| 项目 | | | 指标 |
|---|---|---|---|
| 籽粒 | 容重（克／升） | | ≥750 |
| | 水分（%） | | ≤12.5 |
| | 不完善粒（%） | | ≤6.0 |
| | 杂质（%） | 总量 | ≤1.0 |
| | | 矿物质 | ≤0.5 |
| | 色泽、气味 | | 正常 |
| | 降落数值（秒） | | ≥300 |
| | 粗蛋白质（%，干基） | | ≤11.5 |
| 小麦粉 | 湿面筋（%，14%水分基） | | ≤22.0 |
| | 面团稳定时间（分钟） | | ≤2.5 |

## 5. 小麦喜欢什么样的生长环境？

空气质量良好

土壤肥力强
养分足，无污染

水质优，无污染

## 6. 小麦的标准化生产是怎么回事？

小麦标准化生产的原则是“统一、简化、优选”。

通过制定和实施标准，把小麦生产的产前、产中、产后管理技术的全过程纳入标准生产和标准管理的轨道。

产前包括小麦播种前的准备工作；

产中包括小麦标准化田间管理技术、小麦标准化生产中的防灾减灾技术、病虫草害的预防与应对；

产后包括小麦标准化收获及产品的质量标准。

通过小麦标准化体系的建立和实施，把先进的科学技术和成熟的经验转化为现实的生产力，取得最佳经济、社会和生态效益，从而达到高产、优质、高效的目的。

## 7. 影响小麦品质的主要因素有哪些？

小麦的品质主要受到品种和生态条件的影响。其中，受生态条件影响更大。

施肥、灌水、播种期、播种量等栽培措施都对小麦品质有不同程度的影响，其中效果明显的主要是施肥和灌水，而肥料中又以氮肥效果最突出。

收获、贮存条件对品质表现也有影响。带秸收割小麦明显比机收的品质高。收获期遇雨则明显降低小麦品质。贮藏不当，如麦仓升温、熏仓等对品质也有负面影响。

# 第二章
# 小麦播种前的准备工作

实现小麦生产标准化，生产条件是基础。播前准备工作的好坏直接关系到后续种植工作的顺利开展。

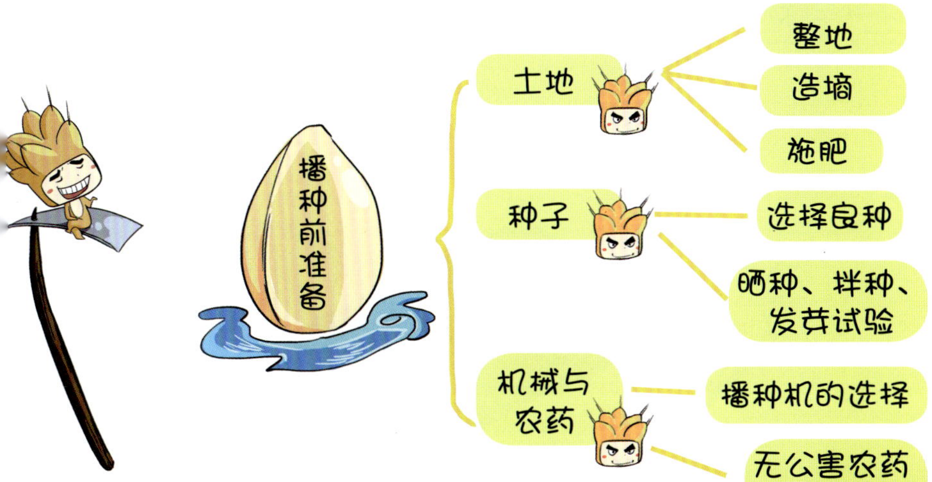

## 准备工作一：优化适宜小麦生长的土地

### 1. 播前整地都干什么？

播前整地六个字："早、深、松、碎、净、平"。

"早"是指前茬收获后及早整地。

"深"是指适当加深耕作层。

"松"是指表面疏松、通气、不板结。

"碎"是指土渣细小。

"净"是指及时灭茬，表土无作物根茬。

"平"是指地面平整，厢平沟直。

根系的状况

活土层（即耕作层）在20～25厘米以上。如果活土层太浅，就会造成根弱。

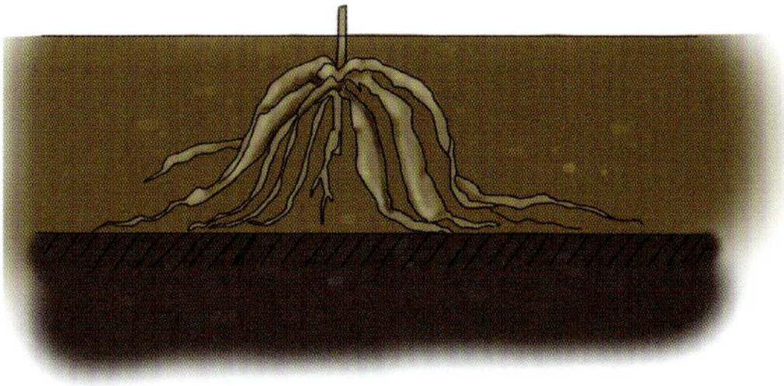

深耕有利于小麦根系下扎，增加土壤通气性，提高蓄水保肥能力，协调水、肥、气、热，提高土壤微生物活性，促进养分分解，保证小麦播后正常生长。

我最喜欢细小的土渣，最讨厌生土块和大孔隙，那样不舒服！

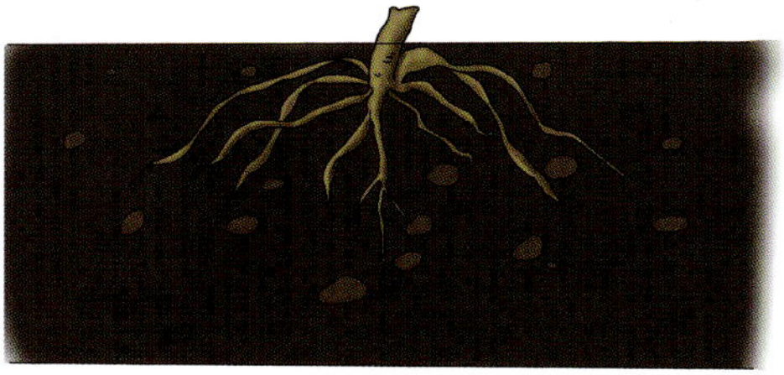

如果地面不平，就会浇水不匀，苗儿也不齐，影响小麦生长。

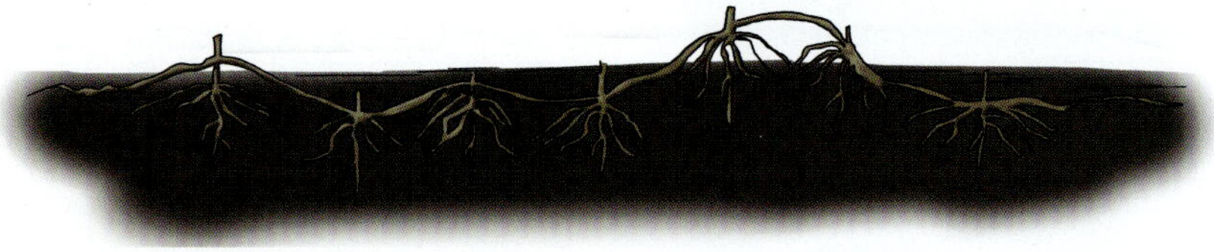

**理想耕层**，水、肥、气、热协调，耕层深厚，耕透耙透，土碎地平，松紧适度，上虚下实。

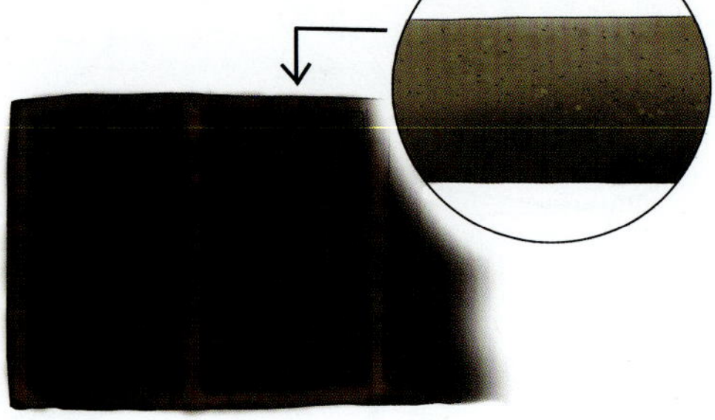

## 2. 造墒的方法有哪几种？

墒，农业生产中的术语，即土壤适合种子发芽、作物生长的湿度。土壤湿度的情况也叫墒情。

造墒可以分为以下几种情况。

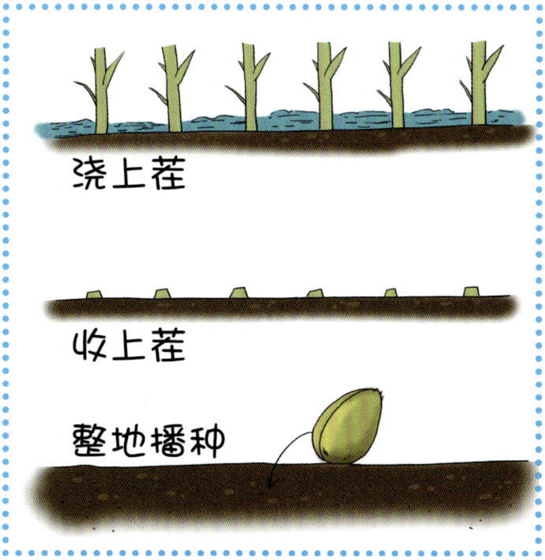


浇上茬，收上茬，整地播种，既利上茬，又利种植，但是整地不便。

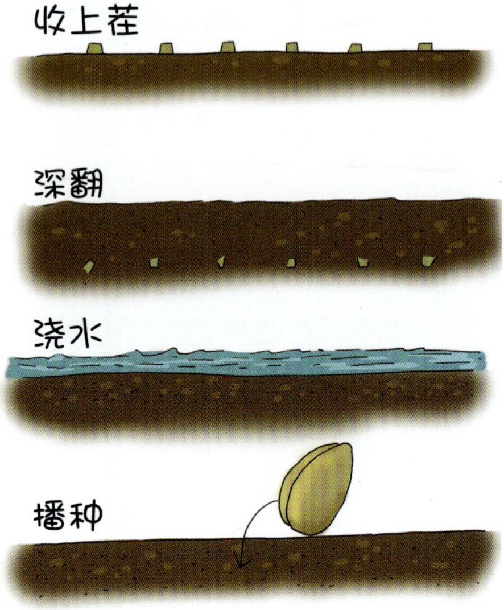


播种前浇“塌墒水”，费水、费时，但是造墒效果好。

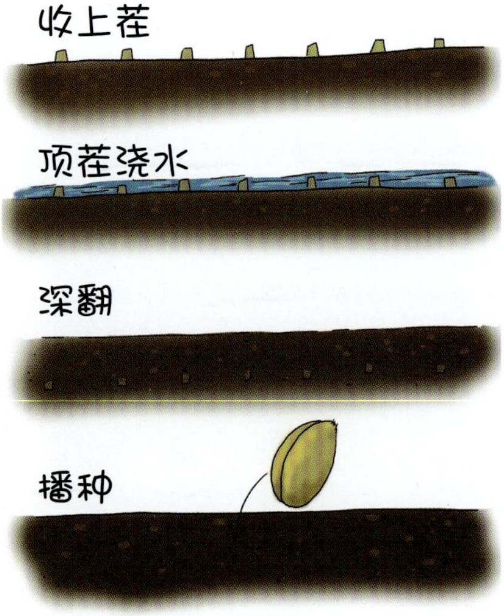


不大缺水的麦田，可以顶茬浇水，再深翻播种。省时省力。

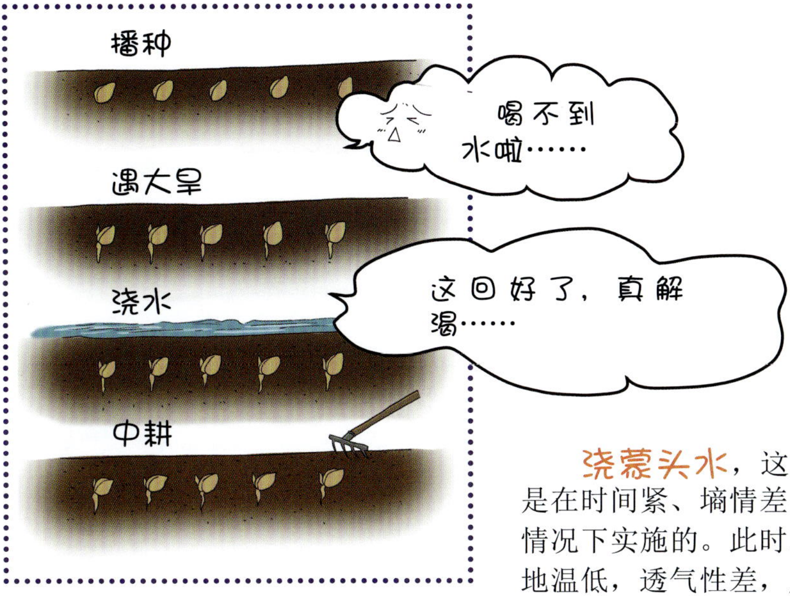


浇蒙头水，这种造墒方法是在时间紧、墒情差、不得已的情况下实施的。此时土壤板结，地温低，透气性差，所以浇后要及时中耕。

## 3. 基肥要怎么施用？

基肥，也叫底肥，是在播种或移植前施用的肥料。它主要是供给植物整个生长期中所需要的养分，为作物生长发育创造良好的土壤条件，也有改良土壤、培肥地力的作用。

我的小名“胎里富”，基肥和种肥早点给我，我才不会饿到肚子呀！

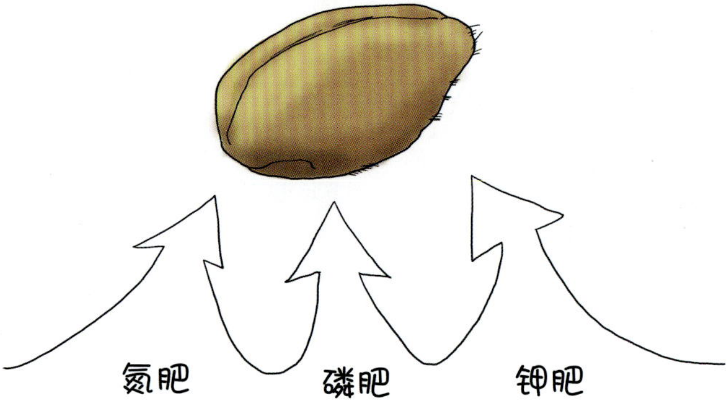

## 准备工作二：选种子

### 1. 什么是良种？

小麦良种要通过哪些方面来鉴别？

水分

纯度

发芽率

净度

千粒重

健康度

优良度

我们国家种子分级主要依据净度、发芽率和水分。

## 2. 良种的质量标准是什么？

**(1) 品种纯度**

一批种子中本品种的种子数占供检种子总数的百分率。

**(2) 种子净度**

样品中除去杂质和其他植物种子后，留下的小麦净种子质量占分析样品总质量的百分率。

**(3) 种子活力**

种子发芽、生长性能和产量高低的内在潜力。

**(4) 种子发芽力**

即种子在适宜的条件下发芽并长成正常幼苗的能力，常采用发芽率或发芽势表示。

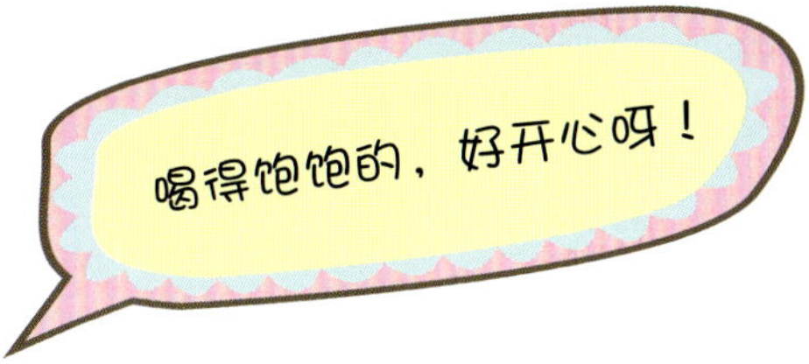

**(5) 种子水分**

也叫种子含水量，即样品水分质量占总质量的百分比。它直接影响种子安全贮藏和发芽力的高低。小麦原种和良种种子水分要求不高于 13%（以湿重为基数）。

## 3. 晒种、拌种、发芽试验重要吗？怎么做？

### 晒种试验

晒种好处多，杀死种子上的病菌、虫卵，促进种子后熟，提高发芽率。

晒种方法，将种子均匀摊在席子上，厚度4～5厘米，每天翻动几次，连晒2～3天。

不可将种子直接摊在水泥地上晒种，以免烫伤种胚。

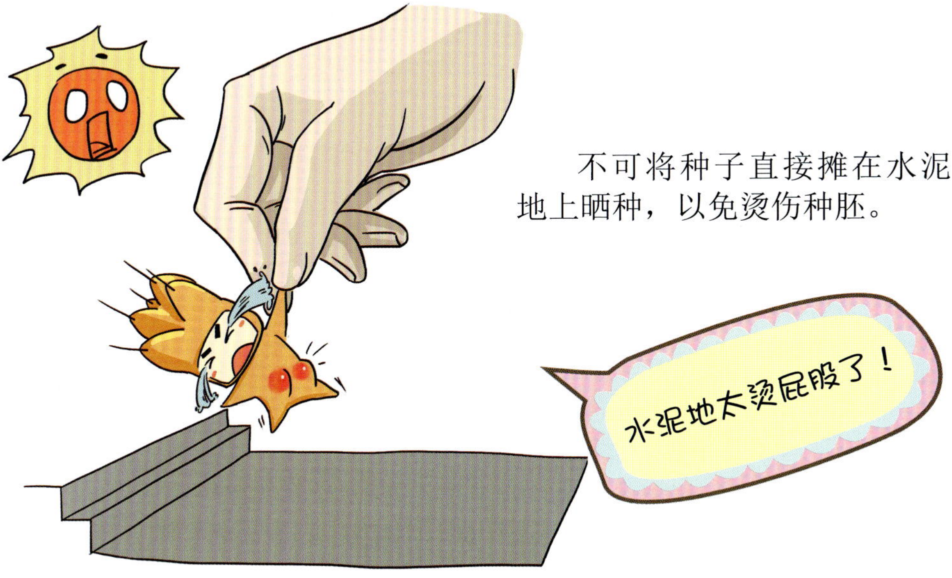

## 拌种试验

药剂拌种的方法如图所示。生产实践中尽量选用高效、低毒、低残留的农药。

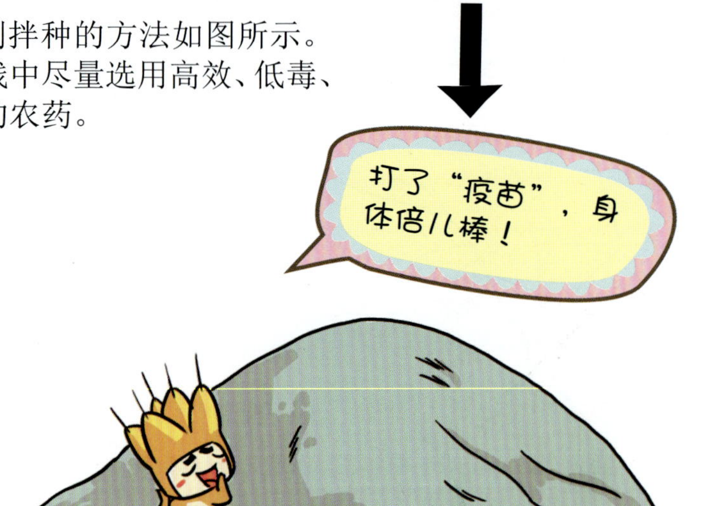

## 发 芽 试 验

随机取 100 粒小麦种子，均匀置于培养皿的吸水纸上。在 25℃培养箱中培养。

7 天发芽百分数为发芽率。发芽率低于 85% 不能做种。

对角线法随机取样

## 准备工作三：机械与农药的选择

### 1. 为何选用播种机？

小麦播种机械化是保证小麦标准化生产时播种均匀、播深一致和出苗均匀整齐，实现苗齐、苗全、苗匀、苗壮的重要措施。

## 2. 农药分为哪几类？

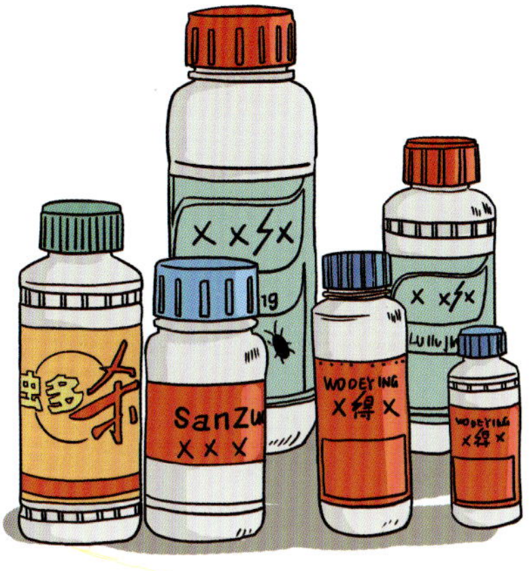


**（1）杀虫剂、杀螨剂**

生物制剂

天然物质

合成制剂

**（2）杀菌剂**

无机杀菌剂

合成杀菌剂

生物制剂

## 3. 无公害农药怎样选择？

| | |
|---|---|
| 播种期种子 | 地下害虫、黑穗病、纹枯病、全蚀病 |
| 苗期 | 杂草、苗期白粉病、锈病、纹枯病 |
| 分蘖期 | 纹枯病、红蜘蛛、白粉病、锈病、叶枯病 |
| 孕穗抽穗期 | 赤霉病、黑胚病、吸浆虫 |
| 结实期 | 蚜虫、白粉病、锈病、叶枯病 |

## 4. 无公害农药的选用原则有哪些？

**选择高效、低毒、低残留的农药**

- 以生物防治为重点
- 以预测预报为主
- 推行农业和物理防治措施
- 优化化学防治方法

# 第三章 小麦标准化田间管理技术

小麦的田间管理工作按照其生长发育时期划分：播种期、苗期、分蘖期、拔节孕穗期、抽穗结实期。

## 田间管理一：小麦播种期的标准化生产

### 1. 小麦种子萌发的最适环境是怎样的？

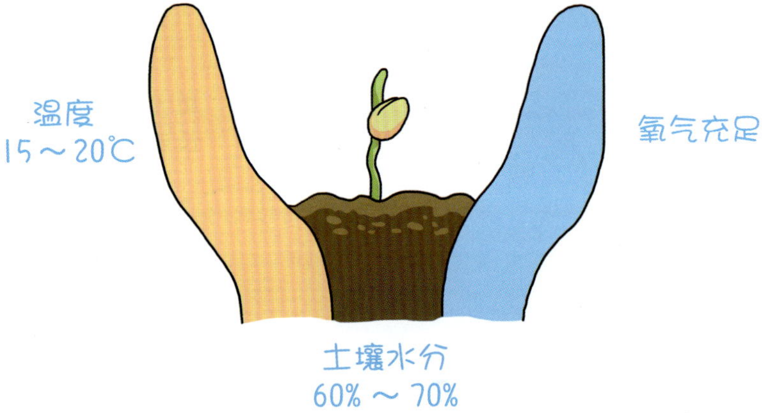


种子萌发好土壤，水肥气热要协调。

## 2. 播种期的选择对小麦有什么影响？

播种过早冬前旺，抗寒困难冻死苗。

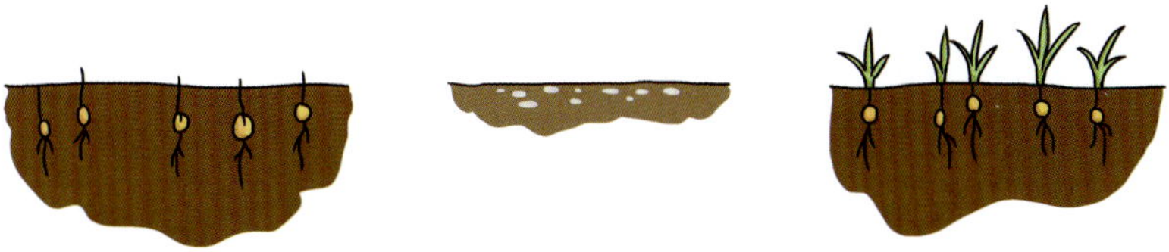

播种偏晚冬前弱，来年穗数受影响。

适期播种最有利，返青又快苗又壮。

## 3. 怎样才算合理密植？

土壤肥力定产量，计划产量定穗数，计划穗数定苗数，计划苗数定播种量。过密则穗粒数和粒重下降，过稀则穗数不足。

以地定产，以产定穗，以穗定苗，以苗定籽。

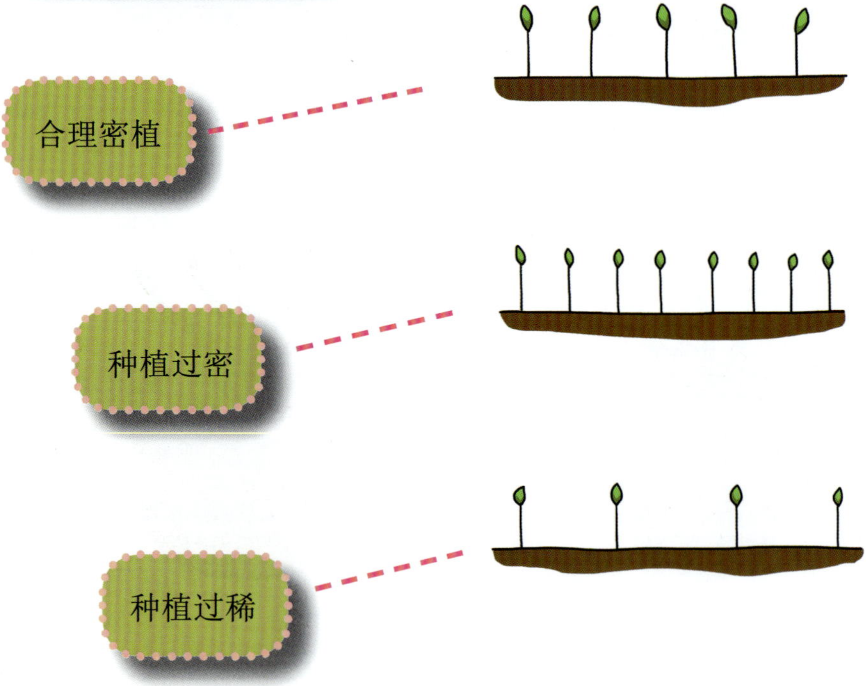

## 4. 高质量播种技术规范是什么？

播种太深出苗难

播种太浅易“落干”

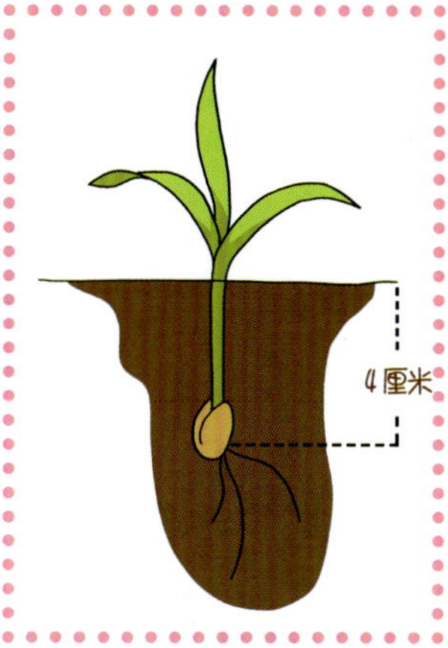


播深适宜很重要
三五厘米刚刚好

# 田间管理二：小麦苗期的标准化生产

## 1. 小麦的苗期怎样确定？

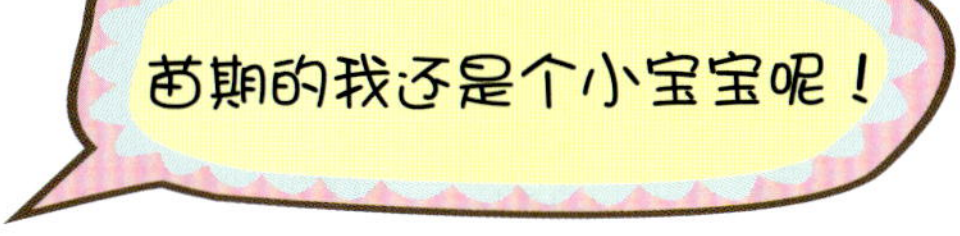


全田有 50% 的麦苗出土达 2 厘米左右的时期为出苗期。

## 2. 田沟早清、干旱早灌有什么作用？

**田沟早清**

播种后抓紧清沟。

一是要开通“四沟”（厢沟、腰沟、围沟、出水沟），田里田外要沟沟相通；

二是实行秸秆覆盖，将稻草、麦秆等薄盖于厢面，秸秆覆盖具有保墒、压草、培肥、防冻、改土等综合效应；

三是喷施土壤调理剂“免深耕”，喷施“免深耕”可改良土壤，提高肥水利用率，提高作物的产量和品质。做到明水能排，暗水能滤，以降低地下水位，提高地温，促进根系生长发育。

**干旱早灌**

小麦播后若遇干旱，不能出苗，应及时浇灌出苗水；分蘖期遇干旱，应浇灌分蘖水。

## 3. 缺苗早补、稠苗早疏、旺苗早控好处在哪里？

**缺苗早补**

检查出苗情况，发现缺苗，按规定苗数及时采取措施补种或移苗补缺。

## 稠苗早疏

对麦苗过稠或疙瘩苗的田块，要及早疏苗，防止高脚苗。疏苗最好选在麦苗三叶期，浅锄疏苗，以利培育壮苗。

## 旺苗早控

对于播种出苗较早、麦苗生长快，11 月下旬主茎已生长 5 片叶，越冬前有可能拔节的麦田，要及早采取措施，控制麦苗生长速度。

### 4. 平衡肥为什么要早追？

麦苗三叶期，追施平衡肥，以促进主茎第四、第五片叶和第一、第二个分蘖的发生，为壮苗打好基础。

其原则是轻追不重追，普追不漏追，以防止冬前旺长。

## 田间管理三：小麦分蘖期的标准化生产

### 1. 小麦分蘖期有哪些特征？

分蘖期是小麦从开始分蘖起到拔节以前的整个生育时期，也是小麦生育期中历时最长的一个生育期。一般处于 11 月下旬至第二年 2 月中、下旬，长达三个多月。

小麦分蘖期是决定每亩穗数和为大穗奠定基础的重要时期。

## 2. 小麦壮苗、弱苗、旺苗怎样区分？

壮苗叶似驴耳朵，坚挺、适中、略带扭曲；

弱苗的叶片短、小、细、弱，似马耳朵；

旺苗叶肥厚、宽大、披散，似猪耳朵。

壮苗
驴耳朵叶形

旺苗
猪耳朵叶形

弱苗
马耳朵叶形

## 3. 水、肥施用的最佳时机怎么确定？

①早施苗肥促早发。苗肥可提早于二叶一心以前施用，对于晚茬麦田及底肥不足的早茬麦苗，更应提早于1～2叶期施用。

②施好腊肥，促根、壮蘖、防冻是关键。腊肥的施用时间以冬至到小寒前后（12月下旬到第二年1月上旬）较为适宜。

③施好弱苗春肥。春肥对晚播弱苗来说，能增加春季分蘖，延迟小蘖的死亡，提高成穗数。

④冬季灌溉。当耕作层0～20厘米内土壤水分低于田间最大持水量的60％时，则应进行灌溉。冬灌时间以夜冻日消、平均气温下降到3～5℃时开始为宜，于封冻前结束。

## 4. 镇压培土怎么做？

### 镇压

小麦分蘖期间，用麦苗镇压机具或石磙对麦田进行碾压，称为镇压或压麦。

镇压有“控上促下”的作用，是控制旺苗、促进壮苗的一项有效措施。

### 培土

培土可结合麦田清沟进行。一般可进行 1 ～ 2 次，每次培土不宜过厚，防止埋苗、损苗过多，影响穗数。

冬季培土可提温、保墒、防冻，同时还有抑制小蘖和促进主茎与大蘖生长的作用。

## 田间管理四：小麦拔节孕穗期的标准化生产

### 1. 小麦拔节孕穗期重要吗？

拔节孕穗期是小麦从起身拔节开始至抽穗开花前这一段生育时期，也称生育中期，一般处于2月至3月上、中旬，历时一个多月。

拔节孕穗期是决定能否穗大粒多、壮秆和最后确定每亩穗数的关键时期。

### 2. 为什么拔节孕穗肥要跟上？

肥水不足，则穗少、穗小、产量低；

肥水过多，则群体过大，茎叶郁闭，会引起倒伏。

### 3. 拔节孕穗期水的特殊性在哪里?

小麦拔节以后需要充足的水分供应，土壤田间持水量以70%～80%为好。如遇干旱，要及时灌溉；受渍后，应及时搞好清沟防（排）渍工作。

## 田间管理五：小麦抽穗结实期的标准化生产

### 1. 抽穗结实期的标志是什么?

小麦抽穗结实期在3月下旬至4月中、下旬，历时40余天，是小麦籽粒产量的直接形成期。抽穗结实期是决定粒重和最后决定粒数的重要时期，对籽粒的品质也起决定性的影响。

## 2. 开花和籽粒形成是怎样的过程?

### 小麦开花

小麦开花一天内有两个高峰，一是上午 9 ～ 11 时，二是下午 3 ～ 6 时。

小麦开花与环境

### 籽粒形成

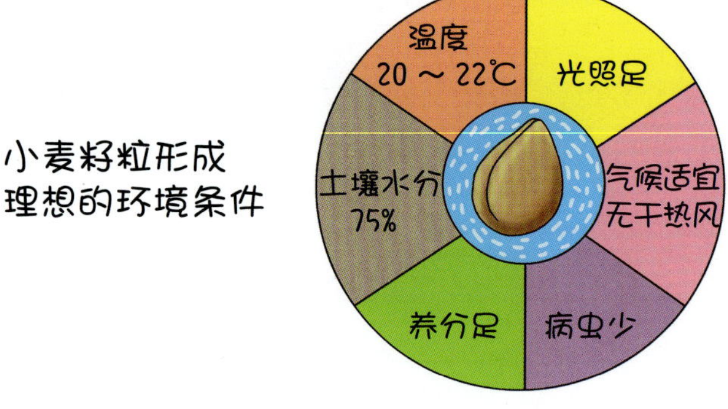

小麦籽粒的形成过程，请注意，一开始是体积的增大，内部物质主要是水；体积增大以后，便是干物质的积累。

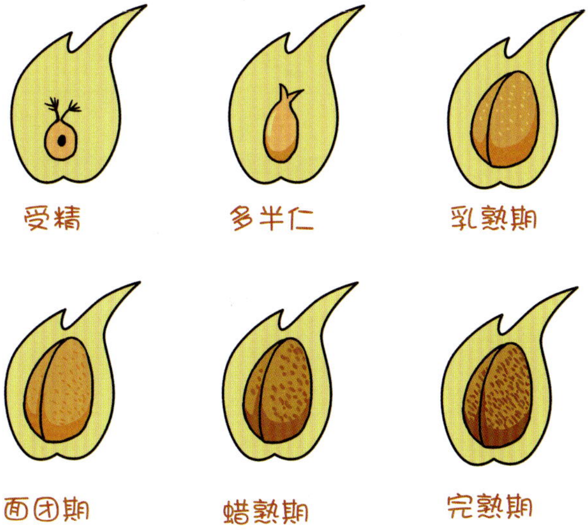


## 3. 抽穗结实肥有什么意义？

对延长叶片功能期，促进碳素代谢，加强物质运转，提高结实率和增加粒重，有显著效果。

## 4. “灌浆水”和“麦黄水”非浇不可吗？

小麦生长后期两次重要的灌水分别是“灌浆水”和“麦黄水”。

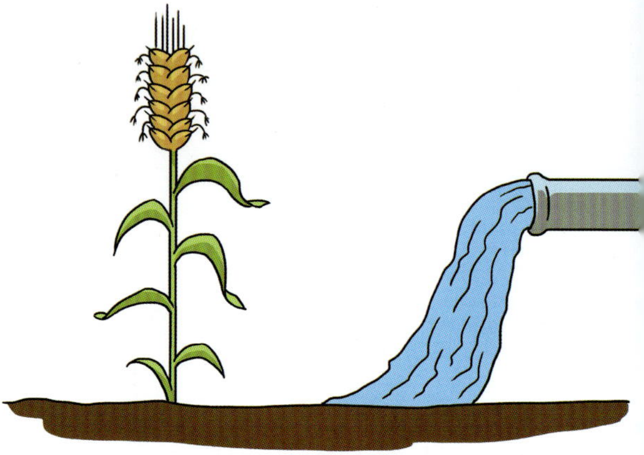

开花后 10 天浇灌浆水

后期根系变老，一定要精心呵护。土壤水分要适宜，相对含水量为 70% ～ 80% 最好。开花后 10 天，要浇灌浆水，可以提高结实率，穗大且籽粒饱满。

成熟前 10 天浇麦黄水

## 5. 什么是“黄丝亮秆”？

进入蜡熟期以后，麦株出现金黄色，籽粒饱满，即所谓“黄丝亮秆”。

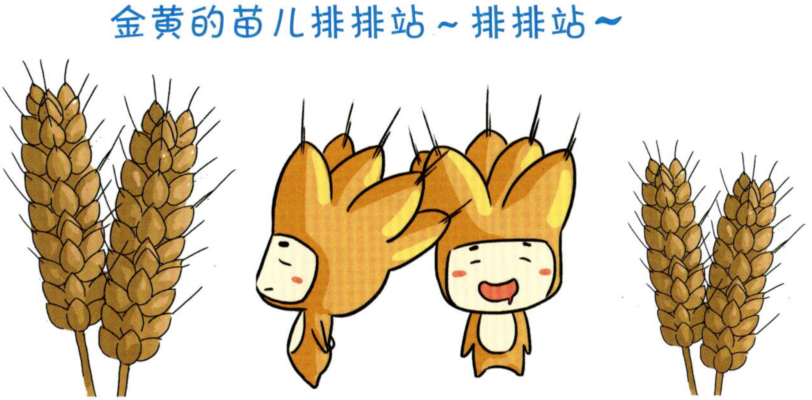


## 6. 叶面施肥怎样做？

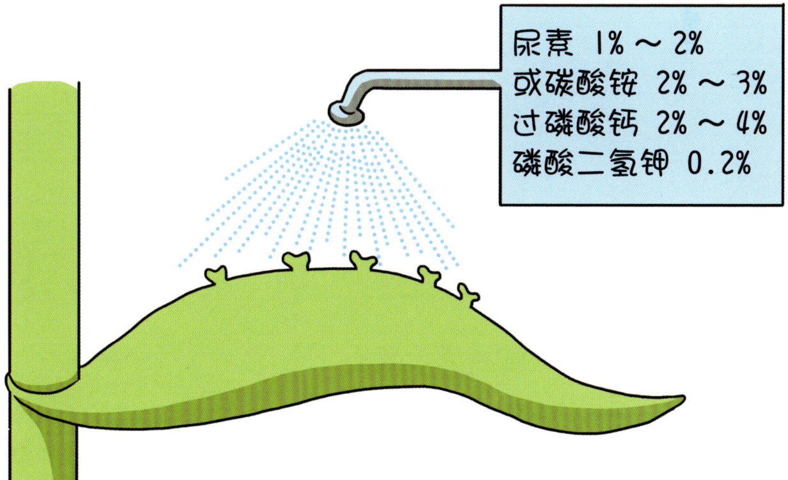

# 第四章

# 小麦标准化生产中的防灾减灾技术

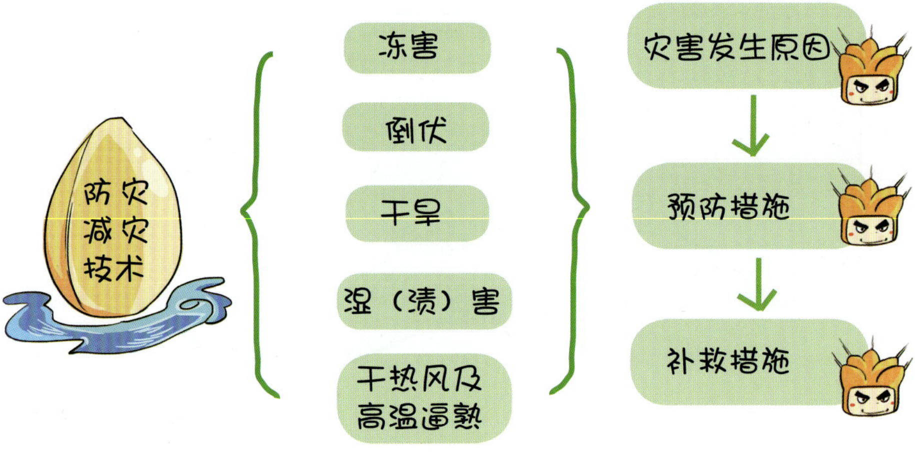

## 防灾减灾一：冻害

小麦冻害是我国小麦生产上的主要气象灾害之一，发生频率较高，危害面积大，严重制约了小麦的产量。

### 1. 春季冻害是怎么发生的？

春季冻害也叫晚霜冻害，是小麦在返青至拔节时期，当寒潮来临降温时发生的晚霜冻害。晚霜冻害就是我们常说的“倒春寒”。

气温发生变化时容易发生春季冻害。

## 2. 什么是冬季冻害？

**冬季冻害**是指小麦进入冬季后至越冬期间由于降温引起的冻害。

## 3. 低温冷害对小麦有什么危害？

低温冷害是小麦生产进入孕穗阶段后因遭受0℃以上的低温而发生的，致使幼穗和旗叶遭到伤害，气象上称之为冷害。小麦拔节后至孕穗挑旗阶段，组织幼嫩，含水量较大，抵抗低温能力大大削弱。

## 4. 冻害怎样防御和补救？

培育和选用抗寒品种，搞好合理布局

根据品种春化特性，合理安排播期和播量

提高整地质量和播种质量，培育壮苗越冬

灌水防霜冻

镇压防冻

增施磷肥、钾肥，做好越冬覆盖

对于受冻的旺苗，应于返青初期用耙子狠搂枯叶，促使麦苗新叶见光，尽快恢复生长，还需要格外注意防止牲畜啃吃麦苗。

## 防灾减灾二：倒伏

### 1. 小麦为什么会倒伏？

小麦倒伏可能在根，也可能在茎。

根倒是由于土壤耕层薄，播种浅。

茎倒是由于种子品质差，氮肥施用过多。

天气和病虫也能导致倒伏。

倒伏现象在后期，原因却在前中期，所以我们要多加注意预防。

## 2. 倒伏现象怎么避免？

整地和用抗倒伏的矮秆品种

化学调控

及时防治病虫害

尤其是纹枯病

合理密植

科学控制水肥

防止氮肥过量

## 防灾减灾三：干旱

小麦干旱灾害是我国麦区，尤其是北方冬麦区的主要农业气象灾害。

### 1. 什么情况下会干旱？

干旱是由大气干旱和土壤干旱造成的。

## 2. 小麦干旱主要发生在什么时期？

小麦干旱主要发生在播种出苗期和孕穗至灌浆结实期。

播种出苗期干旱常造成“种不下、出不来、保不住”的情况，而孕穗至灌浆结实期干旱常导致小麦早衰，影响粒重，严重的会导致小麦旱枯死亡。

## 3. 预防干旱怎么做？

改善土壤结构，增施有机肥料，增加土壤蓄水保水能力，提高自然降水的利用效率；

对于水源缺乏地区要选择抗旱性较强的品种，培育壮苗和采用保护性栽培技术等；

对有浇灌条件的地区要及时灌水。

## 防灾减灾四：湿（渍）害

小麦湿（渍）害是小麦生产中的五害之一。

受湿害的小麦根系长期处在缺氧的环境中，根的吸收功能减弱，造成植株体内水分反而亏缺，严重时造成脱水凋萎或死亡，因此湿害又称为生理性旱害。

### 1. 什么是湿（渍）害？

小麦湿（渍）害是指土壤水分达到饱和时对小麦正常生长发育产生的危害。

## 2. 怎样预防和减轻湿（渍）害？

建立良好的麦田排水系统，“小麦收不收，重在一套沟”。
选用抗湿（渍）品种。
湿（渍）害发生后，要注意合理施肥，以及适当喷施生长调节剂。

## 防灾减灾五：干热风与高温逼熟

干热风是我国北方麦区在小麦灌浆至成熟阶段发生的一种自然灾害。

高温逼熟是指在小麦灌浆成熟阶段，遇到高温低湿或高温高湿天气，导致小麦提早死亡，籽粒重量减轻，影响产量的状况。

## 1. 干热风是怎么发生的？

干热风灾害是在高温、干旱和大风的气候条件下，小麦受环境高温、低湿的胁迫，吸水不足，籽粒灌浆不足，最终减产。

## 2. 干热风有哪些危害？

受干热风危害的小麦，初始阶段表现为旗叶凋零枯萎，严重者在1～2天后逐渐青枯变脆。初始症状为芒尖失水干枯，继而逐渐张开，出现炸芒现象。由于水分供应失衡，穗部脱水青枯，变为青而无光泽的灰色，籽粒萎蔫但还有绿色，此时穗茎部的叶鞘上还保持一点绿色。

轻度干热风后，小麦植株叶片开始萎蔫，出现炸芒。

重度干热风后，小麦植株叶片卷曲，发生严重炸芒，顶端小穗干枯，整片麦田变成灰黄色。

## 3. 高温逼熟会带来哪些危害？

高温不利于小麦灌浆，超过一定温度后，小麦就会停止灌浆，造成减产。

## 4. 防御干热风与高温逼熟的措施有哪些？

# 第五章

# 小麦标准化生产中的病虫草害预防与应对

小麦是我国重要的粮食作物之一，而病虫草害会降低小麦的产量，因此，应在其流行前及时做好病虫害的防治工作。

## 预防与应对一：小麦病害的预防与应对

### 1. 小麦锈病

小麦锈病俗称黄疸病，轻者麦粒不饱满，重者植株枯死，不能抽穗。

症状识别：条锈成行叶锈乱，秆锈是个短褐斑。

防治措施：选用抗（耐、避）病品种，药剂拌种，叶面喷药。

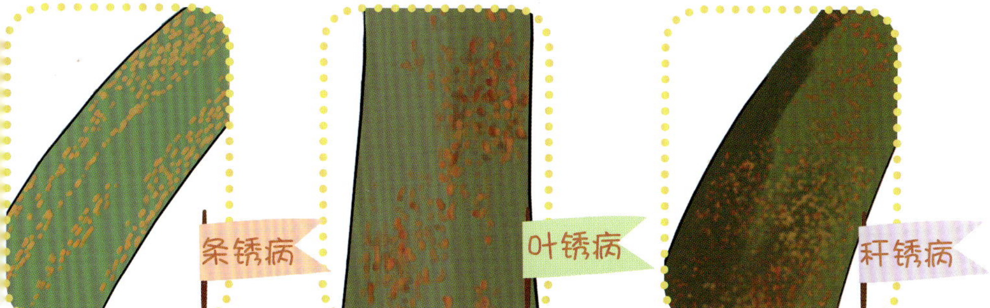

## 2. 小麦赤霉病

小麦赤霉病俗称烂麦穗头，一般流行年份可造成严重减产，且病麦对人、畜有毒。

症状识别：此病苗期到穗期都有发生，可引起苗枯、基腐、穗腐和秆腐等症状，其中穗腐危害最大。

穗腐：小麦在抽穗扬花期受病菌侵染，病部出现水渍状淡褐色病斑，逐渐扩大成枯黄色，后生成粉红色霉层（分生孢子）。

秆腐：初期在旗叶的叶鞘基部变成棕褐色，后扩展到节部，上面出现红色霉层，病株易折断。

苗枯：幼苗受害后芽鞘与根变褐枯死。

基腐：从幼苗出土到成熟均可发生，初期颈基部变褐、变软腐，以后凹缩，最后植株枯萎死亡。

防治措施：选用抗病品种，药剂防治。

## 3. 小麦白粉病

白粉病现已成为小麦的主要病害之一。发病后，光合作用受影响，造成穗粒减少，粒重降低，特别严重时可造成小麦绝产。

### 症状识别

白色霉点

圆形或椭圆形病斑

白粉状的霉层

灰白色至淡褐色

霉层中散生黑色小粒

病叶变黄褐色而枯死

**防治措施**：选用抗病品种，控制群体，合理肥水促控，健株栽培，提高植株抗病力，药剂防治。

## 4. 小麦纹枯病

纹枯病主要引起穗粒数减少，千粒重降低，严重会引起倒伏、白穗等，影响产量。

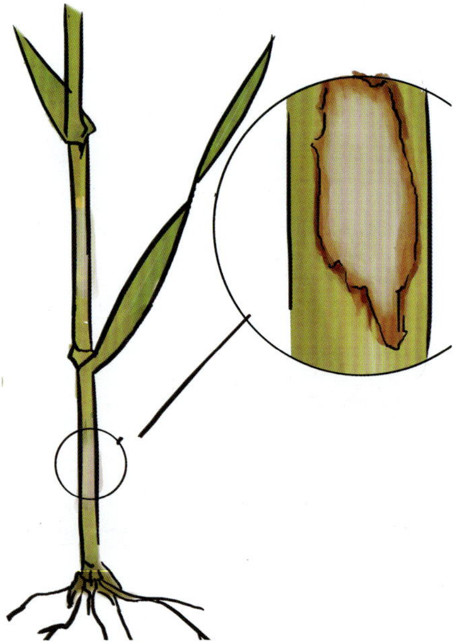

病状识别：叶鞘上病斑为中间灰白色、边缘浅褐色的云纹斑，病斑扩大连片形成花秆。茎秆上病斑呈梭形、纵裂，病斑扩大连片形成烂茎，不能抽穗，或形成枯白穗，结实少，籽粒瘪瘦。

防治措施：选用抗病良种，控制适当群体，合理肥水促控，适当增施有机肥和磷、钾肥，促进植株健壮，提高抗病力，及时除草，药剂拌种。

## 5. 小麦颖枯病

小麦颖枯病在全国各麦区都有发生，主要侵害麦穗和叶片，叶鞘和茎秆也会发病。受害后籽粒不饱满，千粒重降低，影响产量。颖枯病一般在矮秆品种上更容易发生。

症状识别：小麦颖枯病症状主要表现在麦穗上。初期，颖壳尖端出现褐色病斑，后变成枯白色、边缘褐色病斑，扩展至整个颖壳，其后在病斑上产生黑色小粒（分生孢子器），重者不能结实。

防治措施：选用抗（耐、避）病品种，加强栽培管理，及时除草，合理运筹水肥，促进植株健壮，提高抗病能力，药剂拌种，喷雾防治。

## 6. 小麦黄矮病

小麦黄矮病发生较广泛，可造成严重减产，重病麦田可减产 30% 以上。

### 症状识别

植株矮化

分蘖减少

根系变浅

叶尖变黄

难以越冬

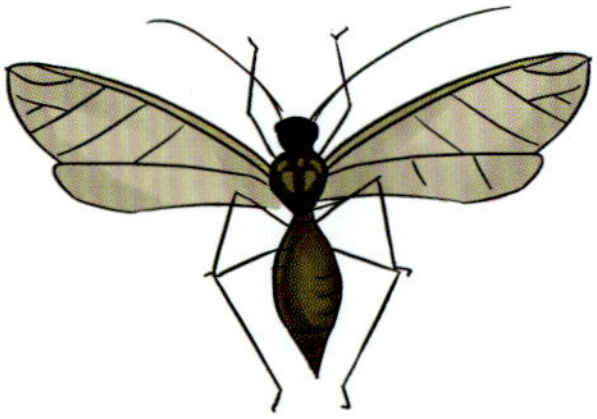

麦长管蚜成虫

黄矮病是由麦二叉蚜和麦长管蚜传毒引起的，冬麦区蚜虫传毒主要发生在秋苗和返青期，春麦区主要发生在春季。

防治措施：选用抗耐病品种，药剂拌种，药剂喷雾。

## 7. 小麦丛矮病

小麦丛矮病在小麦产区分布广泛，小麦全生育期均可染病，重病麦田可减产 30% 以上。

正常株　　病株

症状识别：病株严重矮化，分蘖无限增多，叶片多出现黄绿相间的条纹。秋苗发病多不能越冬而死亡，或越冬而不能抽穗。

防治措施：选用抗耐病品种，清除杂草，消灭虫源，灌小麦越冬水，减少灰飞虱越冬量，药剂拌种，药剂喷雾。

## 8. 小麦红矮病

症状识别：开始叶色深绿、色调不匀，最后全株呈红色或黄色，叶片黄化枯死，病株矮化，少数能抽穗但不实或粒秕。重病株心叶卷缩，不能抽出，拔节前即死亡。

防治措施：选用抗耐病品种，清除杂草，消灭虫源，灌小麦越冬水，减少灰飞虱越冬量，药剂拌种，药剂喷雾。

## 9. 小麦梭条斑花叶病毒病

症状识别：苗期开始发病，初期病株新叶出现退绿的梭形条斑，形成花叶症状；拔节后症状明显，后期病斑逐渐扩散增多，整个病叶发黄枯死。发病植株矮化，分蘖减少，穗短小。

防治措施：选用抗耐病品种，合理调整作物布局，实行小麦与非禾本科作物倒茬轮作，零星发病可进行土壤处理。

## 10. 小麦土传花叶病毒病

小麦土传花叶病毒病主要发生在长江中下游冬麦区、西南冬麦区及黄淮冬麦区，主要为害小麦，也可为害大麦。可造成发病麦田10%～70%的产量损失。

症状识别：新叶产生退绿小点或小条斑，逐渐扩大形成黄绿相间的斑块、不规则的淡黄色条斑或斑纹，呈黄色花叶状。感病小麦植株矮化，穗小粒少，籽粒瘪瘦。

防治措施：选用抗耐病品种，合理调整作物布局，实行小麦与非禾本科作物倒茬轮作，零星发病可进行土壤处理。

## 11. 小麦黑条矮缩病

小麦黑条矮缩病除为害小麦外，还可为害大麦、玉米、水稻、高粱、谷子等作物。小麦黑条矮缩病主要发生在长江中下游冬麦区。

防治措施：选用抗耐病品种，创造不利于传毒昆虫发生的条件。药剂拌种，药剂喷雾。

症状识别：发病幼苗生长缓慢，叶色深绿，分蘖增多，在新叶两侧边缘产生锯齿状缺刻。植株矮化，不能抽穗。拔节后发病的植株较矮，叶色浓绿，叶片刚直，抽穗迟、穗小粒秕。

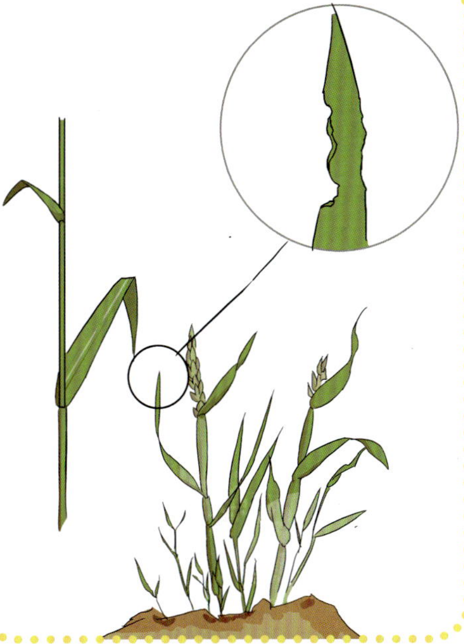

## 12. 小麦腥黑穗病

小麦腥黑穗病是世界性病害。我国发生的主要有网腥黑穗病和光腥黑穗病，主要为害麦穗和籽粒，可导致严重减产，且使籽粒及面粉品质降低。

症状识别：病株一般较矮，分蘖增多，病穗较短而直立，初为灰绿色，后变为灰白色，颖壳外张露出病粒，病粒短而肥，外包一层灰褐色膜，内充满黑粉。

由于病菌的冬孢子内含三甲胺，故带有鱼腥味，腥黑穗病因此而得名。

防治措施：选用抗病品种，建立无病种子田，药剂拌种。

## 13. 小麦散黑穗病

小麦散黑穗病在我国各类麦区均有发生，在冬麦区长江流域发生较重，在春麦区东北地区发病较重。发病后直接侵害麦穗，造成减产。

症状识别：病株抽穗略早，其小穗全部为病菌破坏，子房、种皮和颖片均变为黑粉，初期病穗外包一层灰色薄膜，病穗抽出后不久膜即破裂，黑粉（厚垣孢子）随后飞散，仅剩穗轴。

防治措施：选用抗病品种，建立无病种子田，药剂拌种，喷药防治。

## 14. 小麦秆黑粉病

小麦秆黑粉病在我国多数小麦产区均有发生，但主要发生在北部冬麦区。

症状识别：小麦幼苗期即可发病，拔节后开始表现症状。发病植株矮小畸形，分蘖增多。

发病部位主要在小麦茎秆、叶鞘和叶片上

初期呈淡灰色条纹，与叶脉平行

孢子堆逐渐隆起

表皮破裂，散出黑粉（厚垣孢子）

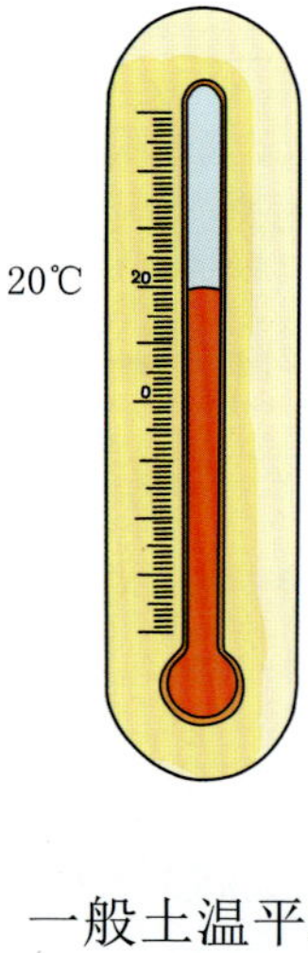


该病发生程度与小麦发芽期土壤温度有关。

一般土温平均在14℃以下或21℃以上都不适宜病菌侵染。以20℃最适宜侵染。

防治措施：选用抗病品种，建立无病种子田，药剂拌种，喷药防治。

## 15. 小麦全蚀病

小麦全蚀病广泛分布于世界各主要小麦产区，是一种毁灭性病害。一般发病麦田减产10% ～ 20%，重者可达50% 以上，甚至绝收。

症状识别

全蚀病，伤根茎。发病时期无特异，贯穿整个生育期。

拔节期病叶黄、根变黑、茎基和叶鞘内可见灰褐菌丝。

抽穗灌浆穗早枯、根黑烂。茎基和叶鞘内布满黑褐菌丝。基部受害，植株矮化，叶黄，蘖少，重者白穗或枯死。

防治措施：选用抗病品种，合理轮作，药剂拌种，药剂喷雾。

## 16. 麦类麦角病

麦角病在我国分布广泛，尤其以黑龙江、河北、新疆和内蒙古等地区发生较多。主要为害黑麦，也为害小麦和大麦。

病菌菌核在土壤中越冬，一般只能存活一年。

春季菌核萌发出土，产生大量子囊孢子，借风、雨、昆虫等传播到寄主植物花部，不断侵染小花,开花期越长，侵染越多。

春季地面湿润时，有利于菌核发芽，寄主植物开花期间遇雨有利于病菌传播和侵染。

症状识别：病菌主要为害花部，花器受侵染后，形成紫黑色长角状菌核，称为麦角，突出穗外。麦角的大小与寄主植物有关。

防治措施：选用不带菌核的种子；清除杂草和自生麦苗，减少菌源；秋季深耕，将菌核深埋土中；与非禾本科作物倒茬轮作。

## 17. 小麦根腐病

小麦根腐病俗称白病。全国各类麦区均有不同程度的发生，在东北春麦区以苗腐、叶枯和穗腐为主，西北麦区主要侵害根部和茎基部，近年来有加重发生的趋势。据调查，在大田病穗率达到 5% 时，产量损失可达 3% 以上；病穗率达 15% 时，产量损失在 10% 以上。

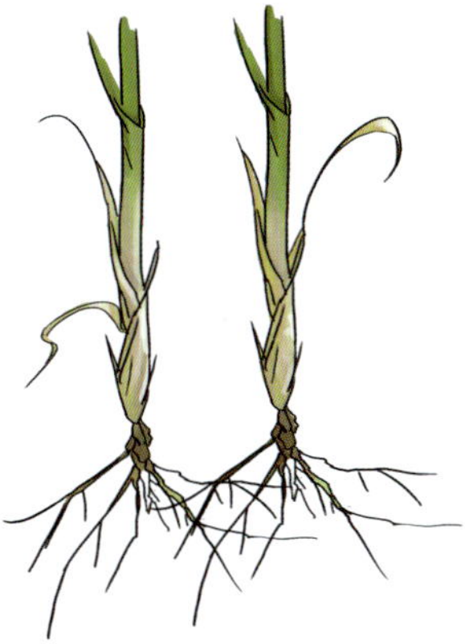

症状识别：小麦叶、茎、根、穗、粒均可受害，但以根茎部受害为主。在茎秆基部、叶鞘形成黑褐色条斑或梭形斑，根部产生褐色或黑色病斑，引起不同程度的茎腐或根腐，进而造成死苗、死茎或死穗。

防治措施：选用抗病和抗逆性强的品种，合理轮作倒茬，培肥地力，加强小麦管理，化学防治。

## 18. 小麦霜霉病

小麦霜霉病是一种分布较广的土传病害。一般田块发病率在5%以下，重病田可达40%。一般麦田发病率5%时，产量损失2%左右；发病率20%时，产量损失10%左右。

### 症状识别

小麦全生育期均可发病。春小麦苗期、冬小麦返青后开始出现症状，病株矮小，叶色淡绿，心叶黄白色、较细，有时扭曲，叶肉部分较黄，呈条纹状。

在低温潮湿条件下，病叶可见白色小点，或形成较厚的灰白霜层。

部分病株在拔节前枯死，未死病株拔节后明显矮化，叶部可见条纹，旗叶和穗畸形，籽粒瘪瘦。

**防治措施**：选用抗病品种，药剂处理种子，加强管理。

## 19. 小麦粒线虫病

农民伯伯要当心！除了危害我们小麦外，粒线虫病还能侵害黑麦、燕麦等作物哦！

形态特征：成虫肉眼可见，虫体线形，两端尖，头部较钝圆。卵为长椭圆形，散生于绿色虫瘿内。1龄幼虫盘曲在卵壳内，2龄幼虫针状，头部钝圆，尾部细尖。

受害小麦全生育期均能表现症状

苗期受害分蘖增多，植株矮小，叶片皱缩，茎秆弯曲，节间缩短，心叶抽出困难导致变形，甚至枯死。受害植株麦穗短小，颜色深绿，难以黄熟。

穗期表现病穗颖壳开张，可见虫瘿，初为深绿，后变褐色坚硬小粒，顶端有小沟，虫瘿比健粒粗短，若加一滴水，可见有线虫游出。

防治措施：选用无病种子，加强检疫，药剂处理种子。

## 20. 小麦叶枯病

小麦叶枯病是世界性病害，由多种病原菌引起。在我国主产麦区均有发生。小麦受害后，籽粒灌浆不饱满，粒重下降，造成减产。

### 症状识别

主要侵害小麦叶片和叶鞘，有时也侵害穗部和茎秆。

小麦拔节至抽穗期为害最重，受害叶片最初出现卵圆形浅绿色病斑，逐渐扩展连接成不规则黄色病斑。

病斑继续发展，可使叶片变成枯白色。病斑上散生黑色小粒，即病菌的分生孢子器。一般下部叶片先发病，逐渐向上发展。

防治措施：选用抗病耐病品种，药剂拌种，田间喷药。

## 21. 小麦雪腐病

小麦雪腐病是真菌性病害，主要发生在新疆冬春麦区的冬小麦产区。严重发生的年份，田间病株死亡率可达 50% 以上，造成缺苗断垄，减产严重。

症状识别：主要侵害小麦幼苗的根、叶鞘及叶片。

病株

受害部位满布灰白色松软菌丝

形成褐色或黑色菌核，叶片呈水浸状

正常株

病部组织烂腐、病叶极易破碎，导致植株萎伏地面枯死

防治措施：选用抗病品种，合理轮作，药剂拌种。

## 预防与应对二：小麦虫害的预防与应对

### 1. 麦蚜

**麦蚜**在全世界都有分布，可为害多种禾本科作物。从小麦苗期到乳熟期都可为害，刺吸小麦汁液，造成严重减产。麦蚜还传播小麦黄矮病病毒。

麦长管蚜若

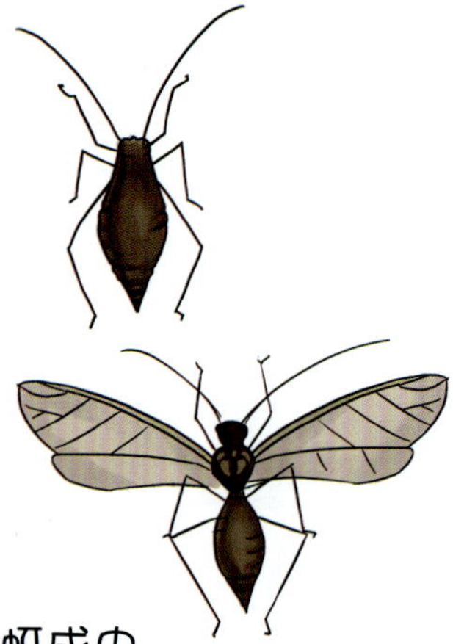

麦长管蚜成虫

麦蚜
- 麦长管蚜
- 麦二叉蚜
- 禾缢管蚜
- 麦无网长管蚜
- ……

在温暖地区可全年孤雌生殖，不发生性蚜世代，表现为不全生活周期型；在北方则为全生活周期型。

**防治措施**：药剂防治。

## 2. 小麦吸浆虫

小麦吸浆虫是一种毁灭性害虫，可造成小麦严重减产。

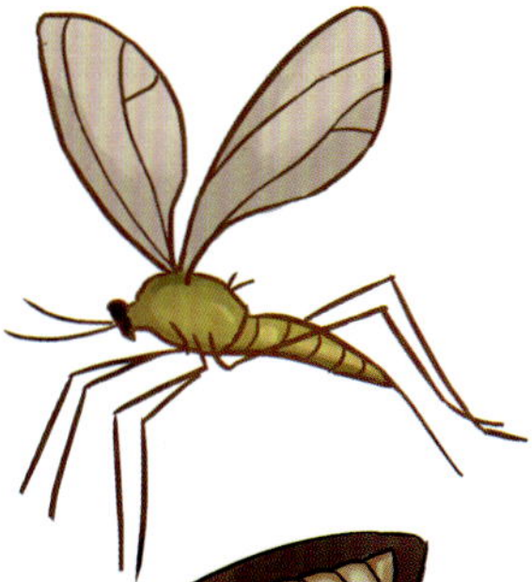

麦黄吸浆虫成虫

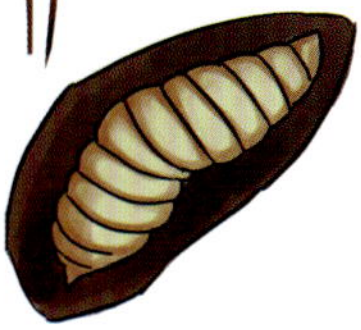

麦黄吸浆虫若虫

小麦吸浆虫
- 麦红吸浆虫：主要分布在黄淮流域以及长江、汉水和嘉陵江沿岸产麦区
- 麦黄吸浆虫：主要发生在甘、青、宁、川、黔等省（自治区）高寒、冷凉地带

防治措施：选用抗虫品种，在重发区实行轮作倒茬，药剂防治。

## 3. 麦蜘蛛

**麦蜘蛛**是取食麦类叶、茎的害螨，在我国主要有麦长腿蜘蛛和麦圆蜘蛛两种。

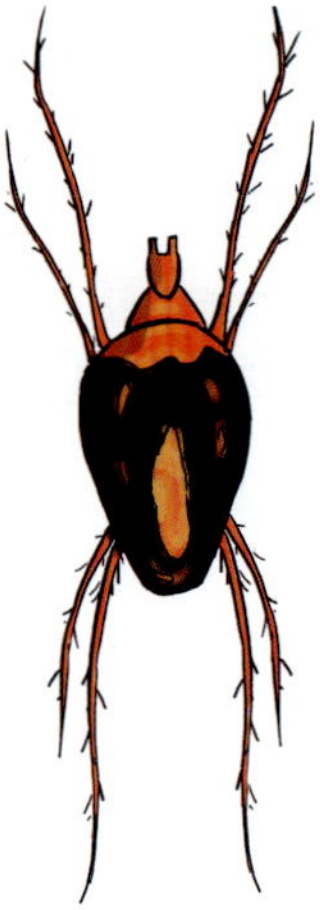

麦长腿蜘蛛成虫

麦长腿蜘蛛若虫

**麦长腿蜘蛛**

- 在叶背为害
- 孤雌生殖为主，也可部分进行两性生殖
- 主要发生于北纬 34° ～43° 地区，即长城以南、黄河以北的麦区，以干旱麦田发生普遍而严重

**麦圆蜘蛛**

- 主要为害小麦叶片，其次为害叶鞘和嫩穗
- 孤雌生殖，低洼潮湿麦田发生严重
- 主要发生在北纬 27° ～37° 地区，水浇地或低湿阴凉的麦田发生较重。有些地区两种蜘蛛混合发生

**防治措施**：倒茬轮作，药剂喷雾，撒施毒土。

## 4. 麦叶蜂

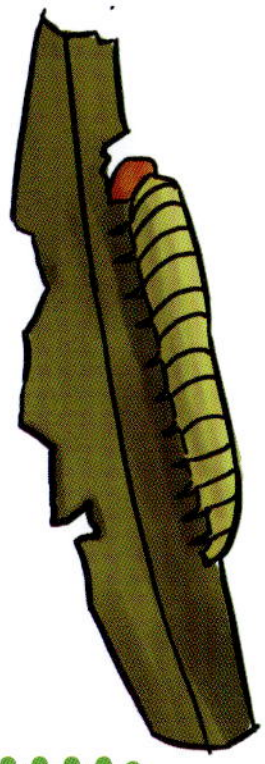
麦叶蜂幼虫

麦叶蜂俗称小黏虫，发生普遍，广泛分布于华北、东北、华东等地，常与黏虫混合发生。

麦叶蜂主要为害麦类，幼虫取食小麦或大麦叶片，严重时可将麦叶吃光。

麦叶蜂成虫

3月羽化为成虫，产卵于叶背主脉两侧的组织中。

4月上旬至5月上旬幼虫为害叶片。

5月中旬老熟幼虫入土做土室，滞育越夏。

10月中旬蜕皮，化蛹越冬。

发生规律：麦叶蜂一年一代，以蛹在土中越冬。成虫和幼虫均具假死性。冬季温暖、土壤墒情好时，越冬蛹成活率高，麦叶蜂则发生、危害严重。

防治措施：人工捕杀，药剂防治。

## 5. 麦秆蝇

麦秆蝇是我国小麦的重要害虫之一，以幼虫蛀秆为害，造成减产，除为害小麦外，也可为害大麦和黑麦等。主要分布在冀、豫、鲁、晋、陕、甘、宁、青、新及蒙等省（自治区）。

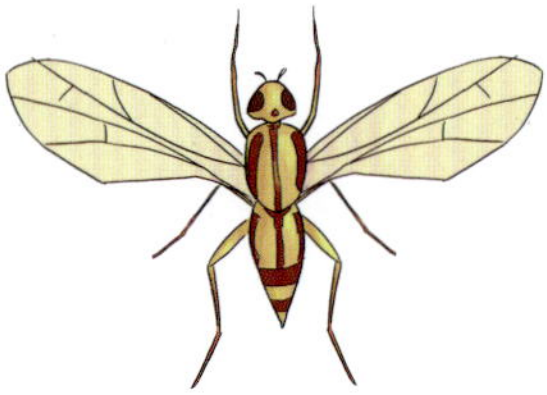

麦秆蝇成虫

发生规律：在冬麦区一年发生4代，春麦区一年发生2代。

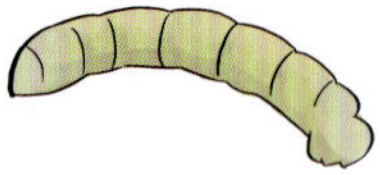

麦秆蝇幼虫

第一代幼虫是主要为害代，幼虫蛀茎为害，在分蘖拔节期造成枯心苗，在孕穗期造成烂穗，在抽穗初期则造成白穗。

在冬麦区以幼虫在小麦秋苗上越冬，在春麦区以幼虫在野生寄主上越冬。

防治措施：选用抗（避）虫品种，药剂防治。

## 6. 黏虫

黏虫俗称行军虫、五色虫等，在全国大部分省（自治区）均有发生。主要为害麦类、玉米、谷子、水稻、高粱、糜子等禾本科作物和甘蔗、芦苇等。

黏虫幼虫

黏虫成虫

黏虫为食叶害虫，1～2龄幼虫仅食叶肉，3龄后蚕食叶片，5～6龄为暴食期，大发生时，幼虫成群结队迁移，常将作物叶片全部吃光，将穗颈咬断，造成严重减产甚至绝收。

防治措施：诱杀成虫，药剂防治。

## 7. 蝼蛄

**蝼蛄**俗名“**拉拉蛄**”，几乎为害所有农作物、蔬菜等。在我国为害最重的是华北蝼蛄和东方蝼蛄。

东方蝼蛄成虫

### 华北蝼蛄

约3年一代，以成虫、若虫在土内越冬，第二年春天开始活动，4月份是为害高峰期，9月下旬是第二次为害高峰。秋末以若虫越冬。若虫3龄分散为害，如此循环，第三年8月份羽化为成虫，进入越冬期。其食性很杂，为害盛期在春、秋两季。

### 东方蝼蛄

多数1～2年一代，3月份越冬虫开始活动为害，4月份是为害高峰，其若虫孵化3天即开始分散为害，秋季形成第二个为害高峰，为对秋播作物的暴食期。可在秋末、冬初部分羽化为成虫，而后成虫、若虫同时入土越冬。

东方蝼蛄若虫

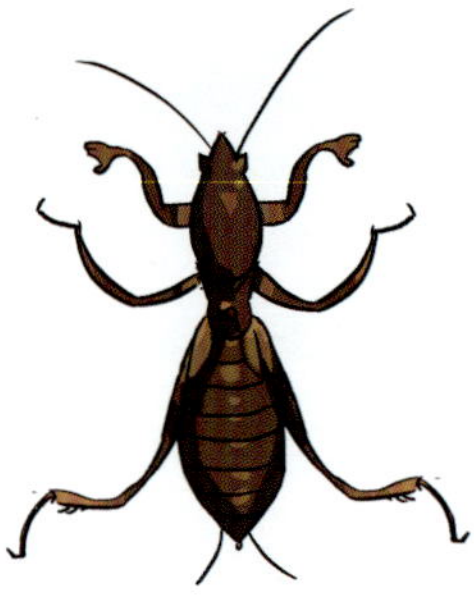

**防治措施**：药剂拌种，毒土、毒饵毒杀。

## 8. 金针虫

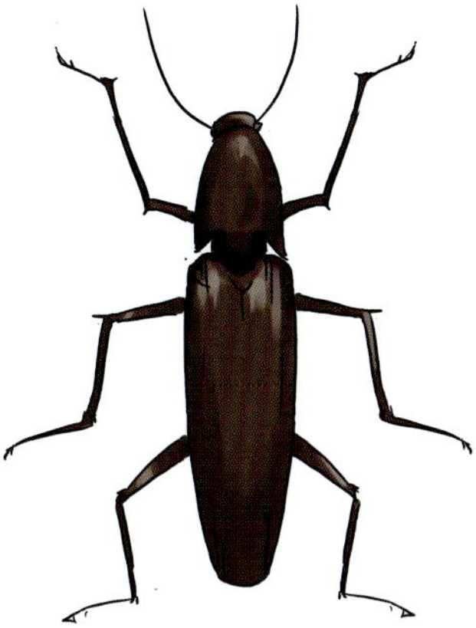

金针虫成虫

在我国为害最重的金针虫主要有3种：沟金针虫、细胸金针虫和褐纹金针虫。

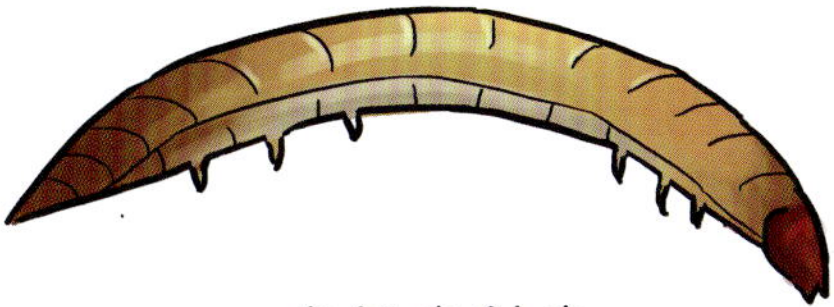

金针虫幼虫

防治措施：可与棉花、油菜等金针虫不太喜欢的作物进行轮作，诱杀成虫，药剂防治。

## 9. 蛴螬

蛴螬

铜绿丽金龟

**蛴螬**俗称**地蚕**，是多种金龟子的幼虫。我国的主要为害种类为铜绿丽金龟、大黑鳃金龟、暗黑鳃金龟及黄褐丽金龟。

幼虫主要咬食种子、幼苗、根茎及地下块茎、果实，成虫则为害豆类等作物及果树的叶片、花等组织。

**防治措施**：主要以化学防治为主，药剂拌种，诱杀成虫。

## 10. 麦蛾

麦蛾是我国各粮食产区的重要害虫之一，可为害所有禾谷类作物籽粒，使粮食在储藏期损失 20% ～ 40%，损失比较严重。主要以幼虫蛀食粮粒，并有转粒蛀食为害的习性。

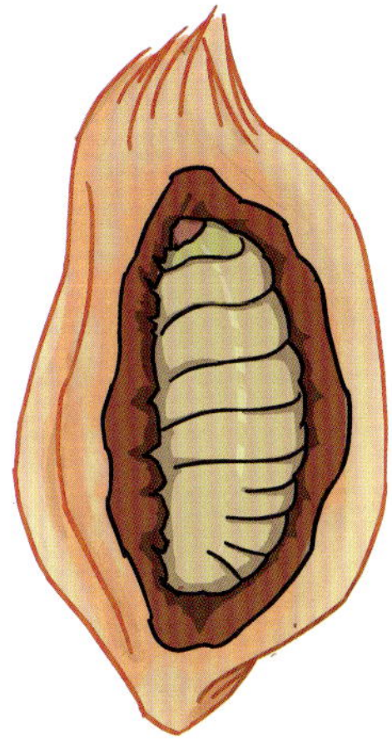

麦蛾幼虫

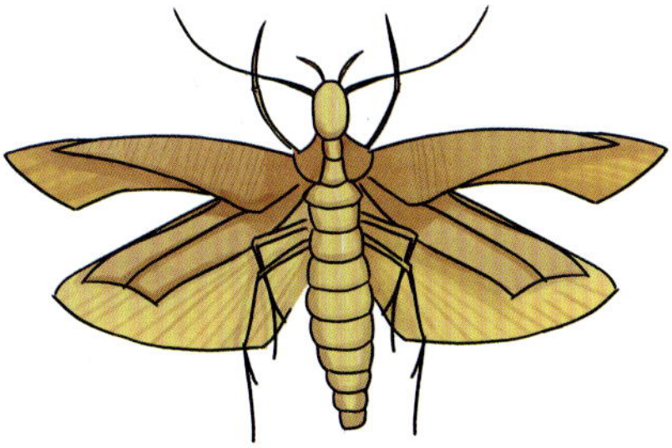

麦蛾成虫

防治措施：粮食入库前进行曝晒，将干燥的粮食密封，充入氮气或二氧化碳等保护性气体，粮库通风，药剂熏蒸，田间防治。

## 11. 锯谷盗

锯谷盗成虫

锯谷盗幼虫

锯谷盗可为害各种植物性贮藏品，尤其对粮食、油料作物危害严重，分布全国各地。

**防治措施**：参照麦蛾防治措施。

## 预防与应对三：小麦草害的预防与应对

## 1. 禾本科杂草

常见的麦田禾本科杂草

- 野燕麦
- 看麦娘
- 稗草
- 狗尾草
- 硬草
- 马唐
- 牛筋草
- 节节麦
- ……

狗尾草

看麦娘

常用麦田防除禾本科杂草的除草剂有骠马、禾草灵、新燕灵、燕麦畏、杀草丹、禾大壮、燕麦敌、青燕灵、野燕枯等。

## 2. 阔叶杂草

常见的麦田阔叶杂草

马齿苋　猪殃殃　小蓟（刺儿菜）　荠菜

米瓦罐　苣荬菜　葎草（拉拉秧）　苍耳

播娘蒿　酸模叶蓼　田旋花　反枝苋

凹头苋　打碗花　苦苣菜　……

小蓟（刺儿菜）

打碗花

用于麦田防除阔叶杂草的除草剂有2,4-D丁酯、2甲4氯、百草敌、苯达松、溴草腈、巨星、甲磺隆、氯磺隆、碘苯腈、使它隆（治锈灵）、西草净等。

## 3. 阔叶杂草和禾本科杂草混生

氯麦隆、氯磺隆、甲磺隆、利谷隆、异丙隆、禾田净和扑草净等农药，对多数阔叶杂草和部分禾本科杂草有较好的防治效果，麦田中两类杂草混生时可选用这些除草剂。

## 第六章

# 小麦标准化收获及产品的质量标准

小麦标准化生产的最后环节是收获。

## 1. 小麦收获期的确定标准是什么？

小麦的收获期主要依据小麦籽粒的成熟程度决定。

小麦成熟期
- 乳熟期
- 蜡熟期
- 完熟期

全国小麦收获期由于生育期的不同自南向北逐渐推迟。

## 2. 小麦收获的最佳方法有哪几种？

小麦的收获方法有分别收获法、分段收获法和直接联合收获法。

**分别收获法**

用人力、畜力或机具分别进行割倒、捆禾、集堆、运输、脱粒和清粮等各项作业。

优点：根据生产条件灵活运用，投资较少，适用于联合收割机无法收获的丘陵山区和小块地。

**分段收获法**

利用在蜡熟中期至末期割倒的小麦茎秆仍能向籽粒输送养分的原理，把收割、脱粒分两个阶段进行。

优点：产量较高，作业效率高，质量好，损失少，成本低。

**直接联合收获法**

采用联合收割机在田间一次完成割刈、脱粒、初清等各项作业。

优点：作业效率高，劳动强度小，损失少，收割质量好。

## 3. 已收获的小麦怎样清选?

小麦籽粒清选采用的清选机类型一般有气流、筛床、重力、振动等。

种子清选机：除清除杂质外，还可按籽粒大小、形状等分选。
其他方法：风车扬、木锨扬等。

## 4. 小麦干燥技术有哪几种？

籽粒干燥广泛采用的是晒场晾晒，每天可使籽粒含水量降低 1% ～ 2%，但自然晾晒完全依赖天气好坏。

晒场晾晒

人工干燥

- 高温快速干燥
- 低温慢速干燥
- 高低温组合干燥
- 高温缓苏干燥

## 5. 小麦贮藏技术要求有哪些？

小麦是一种耐贮粮种，只要及时曝晒去水，即可安全度过后熟期。

做好虫霉防治和隔离工作。

控制好小麦贮藏期间籽粒自身的水分、温度和粮堆中气体的成分等。

处于干燥低温适宜的环境条件下，一般可贮藏 4 ～ 5 年或更长一些时间。

**热入仓密闭贮藏**

减少氧气，控制种子的呼吸和有害生物呼吸。

**低温贮藏**

温度越低，天然损失越小，也能控制害虫和微生物在麦堆中繁殖生长。

“三低”贮藏是低温、低氧、低药量贮藏的简称。

**“三低”贮藏**

创造有利于粮情稳定而不利于虫霉繁衍生长的小气候。

**气调贮藏**

利用自然密封缺氧贮藏方式，因缺氧而杀死粮堆中已有害虫，并防止外界害虫感染。

**土法贮藏**

主要是在少量、分散、贮存条件差的地方，采用植物杀虫或驱虫方法达到安全贮藏。

## 6. 小麦品质标准有哪些？

目前，随着农业生产的发展及人们生活水平的提高，对小麦的品质提出了更高的要求。

不同领域、不同行业的人员对小麦品质有不同的理解和表述。

对应于加工和饮食消费两个环节，可以将小麦品质分为制粉品质、食用品质（食品制作品质）、营养品质和卫生品质四个方面。

制粉品质

制粉工艺角度

主要是指小麦籽粒与小麦制粉工艺过程直接相关的品质特性。

食用品质

加工工艺角度

主要是指由小麦粉体现出来的直接影响面制食品制作工艺过程和最终质构、纹理等特性的品质性状。

营养品质

营养学角度

主要是指小麦籽粒中的营养物质对人（畜）需要的适合性。

卫生品质

卫生与防疫医学角度

主要是指有毒物质及含量、有害微生物、重金属污染和食用安全性等。

## 7. 怎样评定小麦中的残留物?

在小麦标准化生产中，各种有害物质有一定的最高残留量限制。